勇獸戰隊

知識漫畫系列

惡鬥盛怒非洲象

BATTLE BRAVES

TEAM

AZUL

監督者/ 今泉忠明

漫畫/ 伊勢軒

故事/ 伽利略組

U0111235

新雅文化事業有限公司

www.sunya.com.hk

公元20XX年

在世界各地，堆積如山的高科技產品垃圾，不斷釋出有害物質。

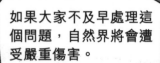

如果大家不及早處理這個問題，自然界將會遭受嚴重傷害。

為了地球上的所有生物，請大家儘早設法解決。

眼前高科技產品垃圾日益增加，人類束手無策，最後決定將垃圾棄置到太空去。

然後，他們把太空變成了巨大的垃圾站。

問題看似暫時解決了，但是……

被丟棄到太空的垃圾之中……

※ 隆隆隆隆隆

一個由突變而成、擁有人工智能的物體誕生了!

※ 隆隆隆隆隆

不可饒恕你們!

※ 隆重登場

他的名字是 **Z**!

那些自私自利的地球人,濫製各種物品,然後用完即棄,我絕不原諒你們!

我要親手把那班傢伙居住的地球徹底破壞!

其後，Z開始用盡各種方法展開攻擊，企圖把地球毀滅。

他集合了日本全國的精英孩子，並組成了防衛組織。

為了守護地球免受攻擊，墨田川教授現身了。

這個組織名叫

BB——

勇獸戰隊！

墨田川教授

Ｚ！我不會讓你為所欲為的，YO！

我要消滅自私自利的地球人！

勇獸戰隊的隊員迎戰Ｚ派來的生物，保護地球的故事正式展開了！

BB
BATTLE BRAVES

勇獸戰隊

是一個為了對抗神秘敵人 Z 和保護地球的防衛組織，由頭腦超凡的墨田川教授帶領。隊員皆是從日本全國挑選出來、12 歲以下少年少女，並通過嚴格的入隊考試才能加入組織。他們的使命就是把由 Z 派來地球的生物捉住，然後把牠們安全送回原來世界。隊員們都熟知生物的習性和弱點，以科學知識為武器，展開連場捕捉行動！勇獸戰隊分成五支小隊，各有專長，會被分派執行不同任務。

墨田川教授

勇獸戰隊的總司令官，他的真正身分其實是人型機械人，並移植了因意外喪生的墨田川教授的腦袋。他非常喜歡音樂，亦妄想自己是個俊男。

朱音

她是墨田川教授的助手，並以勇獸戰隊的教官身分帶領和照顧一眾隊員，她曾經也是勇獸戰隊的優秀隊員。

勇獸戰隊五小隊

AZUL
藍獅小隊
負責應付陸上動物。

PAARS
紫蟲小隊
負責應付昆蟲。

RUFUS
紅龍小隊
負責應付恐龍等古代生物。

GREEN
綠鷺小隊
負責應付空中及水中生物。

SCHWARZ
黑蛇小隊
負責應付有毒、危險的生物。

藍獅小隊

他們專門對付 Z 派出來的陸上動物對手。隊伍顏色是藍色，「AZUL」是西班牙語，是藍色的意思。

艾莎

她非常喜歡動物，對動物的熟悉程度尤如一部移動式的動物圖鑑。她也喜歡自製各種機械工具。在隊中負責策劃作戰計劃。

泰賀

他擁有動物般的運動神經，並因此備受賞識獲邀加入戰隊。他曾經跟冒險家爸爸一同環遊世界，所以求生技能也相當厲害。在隊中勉強是隊長，但是他的必殺技臭氣熏天，不是很討人喜歡。

神秘敵人 Z

他誕生自人類丟棄到太空的廢物之中，擁有高等的人工智能（AI）。他極之憎恨自私自利的人類，因此把各式各樣的生物派到地球，誓要令人類滅亡。

BB特別裝備

勇獸戰隊的隊員在進行捕捉生物任務時，會運用到以下這些裝備。戰隊守護地球的秘訣，就是結合最新科學技術和隊員的知識。

BB飛板

不論海陸空環境下都能夠自由自在地活動的滑板型載具。隊員會乘坐 BB 飛板從基地出動。

它備有很多功能，例如能噴出煙霧。

這些都是我創造的特別裝備。特別強，特別型，YO！

BB棍棒

以三枝為一組的棍棒，不同形狀分別有不同功能。配合不同的棍棒組合，還能提升其效能。

▼ 圓形棍棒
（可吐出絲線或繩索等）

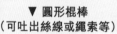

▲ 三角棍棒
（可發光或噴火等）

▲ 方形棍棒
（可變成鎚子等）

BB收容器

當生物的戰意等級降至 0，向牠照射光線，就能把生物回收到這個收容器中。之後隊員會把捕捉了的生物送回原來的世界去。

BB手錶

只要把手錶對準生物，就能夠得知牠的基本情報、能力分析表和戰意等級等資料。

目　錄

欄目

知多一點點！

BB資料檔案

第 1 章
象羣大鬧名古屋！

愛知縣名古屋市

啪唯

哞噢！

啊？

唔……長頸鹿子的順拐看似不太順暢啊。

順拐？

你要拐走誰？

不是！「順拐」指同一側的前後腳同時向前踏出的步行方法，即同手同腳。

左邊的前後腳同時向前踏步！

順拐

大象、長頸鹿、駱駝都是以順拐方式走路的動物。

與順拐相反的是「對角線腳步」，即指對角線的前腳和後腳，同時向前踏出。

左前腳和右後腳同時移動！

對角線腳步

馬、狗、人都是以這種方式行走的呢。

艾莎的動物小知識！

19

這次當然又是我們的宿敵 Z 所為啊！

大型草食性動物啊，向前進發！

神秘敵人
Z

你們要把勇獸戰隊踏成碎片，吃光城市裏所有綠色植物！

牠們就算體型巨大，也只是草食性動物罷了！

太容易取勝了！

你別大意！牠們平時雖然溫馴，但發怒時會變得非常兇殘！

而且，體型這麼巨大，已經是超級危險了！

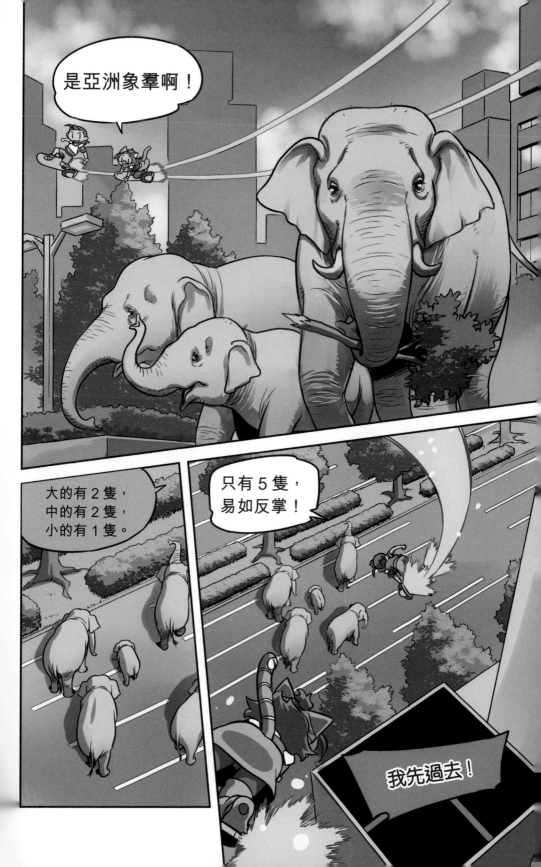

草食性動物的特徵

草食性動物是指以草、樹葉或果實為主食的動物。草食性動物小至兔子,大至陸上最大的非洲象,種類非常繁多,但牠們都有共同特徵。我們來比較草食性動物如斑馬和肉食性動物如獅子的分別吧。

牙齒

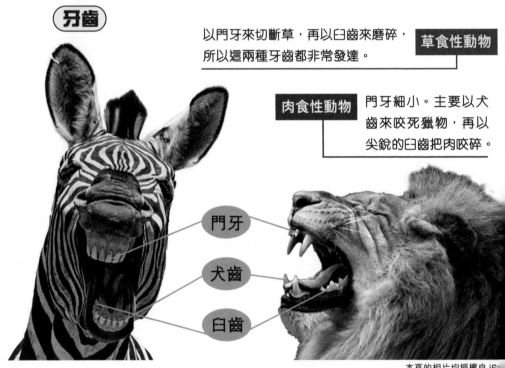

以門牙來切斷草,再以臼齒來磨碎,所以這兩種牙齒都非常發達。 **草食性動物**

肉食性動物 門牙細小。主要以犬齒來咬死獵物,再以尖銳的臼齒把肉咬碎。

門牙

犬齒

臼齒

本頁的相片均授權自 iS

眼睛的位置

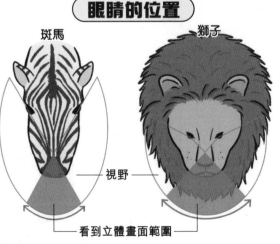

斑馬

獅子

草食性動物

雙眼在頭的兩側,讓視野更廣闊,可以看到想從後面偷襲牠們的肉食性動物。

肉食性動物

雙眼在頭的前面。視野雖然變得狹窄,但因能看到立體畫面能夠準確認清自己與獵物的距離,有利於追捕

視野

看到立體畫面範圍

消化系統

草食性動物 植物的纖維比較難消化,而草食性動物的消化系統內,藏有可以分解纖維的微生物。由於消化植物時間較長,所以草食性動物的消化器官又大又長。

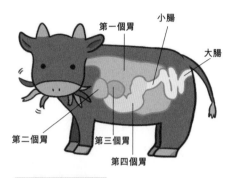

小腸
第一個胃
大腸
第二個胃
第三個胃
第四個胃

◀草食性動物之中,長頸鹿、牛、山羊、駱駝等反芻動物都有 4 個胃的。「反芻」是指把在胃中半消化的食物流回口中再次咀嚼,這個行為會不斷重複,直至完全消化為止。我們常常看到牛的嘴不停咀嚼,就是正在反芻了。

肉食性動物 因為消化肉類所需的時間比植物少,所以肉食性動物的消化器官較短。肉食性動物捕獲到草食性動物後,會先吃掉牠們的內臟,取得沒法自行消化的植物營養。

草食性動物的食物選擇

肉食性動物的獵物會逃跑,但草食性動物的主食是植物,是原地不動的。但是,如果全部草食性動物只吃同一款植物的話,就會出現食物不足的情況。幸而,不同草食性動物會吃植物的不同部分,因此在一片大草原上,可以容納大量草食性動物。

第2章
大象比泰賀
還要聰明

艾莎，作戰計劃是怎樣？

你說在出發前已想好「完美作戰計劃」呀！

喔，是啊！

就是⋯⋯沒有想到。

啪沙！

你……說什麼？

因為……你看！

能力分析表

力量 5
防禦力 5
兇猛度 2
智慧 5
瀕危等級 4

【亞洲象】
體長：5.5 至 6.4 米
身高：2.3 至 3 米
體重：2 至 5.5 噸
分布地區：南亞、東南亞
棲息環境：森林
食物：草、果實、樹皮、根等

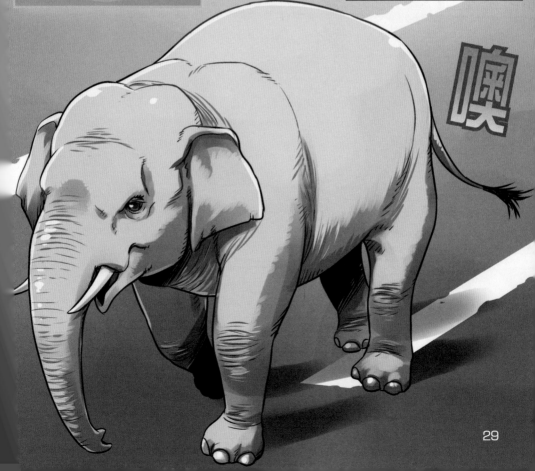

牠們的力量太厲害了！超大力超強的啊！怎麼辦才好啊？

我已經跟你說過危險了！大象不僅力量強大，牠們的步速比人類快很多啊！

時速4～6公里

唔……附近好像有大象能洗澡的地方，就引牠們到名古屋城的護城河吧！

長頸鹿也在名古屋城出現，我們可以把牠們一起捉住，一石二鳥！

問題是如何能做到呢……

咦？

那隻大象腳上繫着鐵鏈……

33

不就是比泰賀更聰明嗎？

哈哈哈，你說得對……

驚——醒！

咦！你說什麼？

咦！

牠的皮膚已經非常乾燥了。

乾硬

乾硬

戰意等級：3

戰意狀況：因為皮膚缺水而煩躁

情況不樂觀啊！

戰意等級果然正在上升呢！

名古屋城

啊！牠們在這裏！

是長頸鹿！

非常高大呢！

【長頸鹿】

體長：3 至 4 米
身高：至肩部 2.3 至 3.3 米
　　　至頭部 4.5 至 6 米
體重：450 至 1,930 公斤
分布地區：非洲中部、
　　　　　東部及南部
棲息環境：草原
食物：草、樹葉等

能力分析表

力量

防禦力

兇猛度

智慧

瀕危等級

4
3
3
3
2

亞洲象的特徵

亞洲象棲息在印度、緬甸、泰國等地的森林。體重達 3 噸,是亞洲最大的陸上動物,但跟體重達 5 噸的非洲象比較,就小了一圈。亞洲象利用靈活的長鼻,把水送到口中、採摘樹上的果實。牠們每日要吃大約 150 公斤的植物啊!

頭頂有 2 處對稱而隆起的地方。

耳朵比非洲象小。

象牙其實是突出來的門牙,雌性亞洲象的牙很短,幾乎看不見。

長鼻沒有鼻骨,但是擁有強壯的肌肉,能夠捲起很重的東西。另外,象鼻鼻頭有一個突起處,幫助抓取重物。

突起處

44

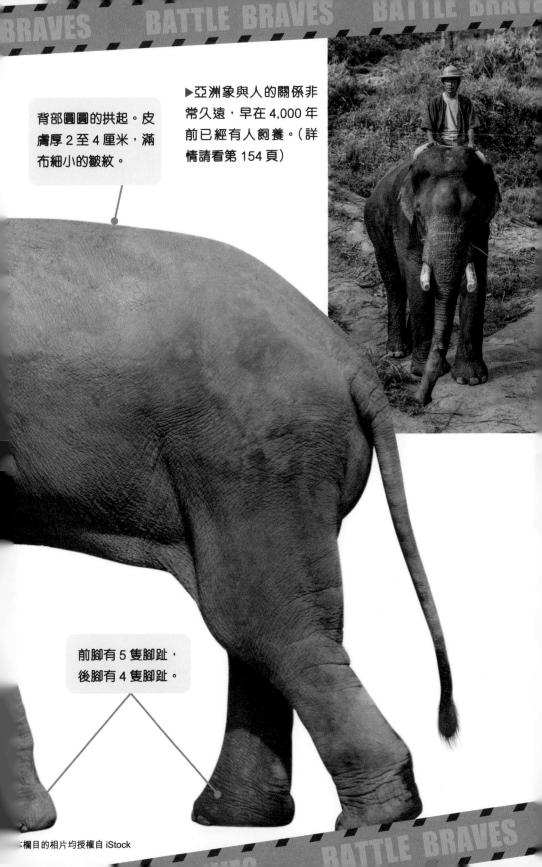

背部圓圓的拱起。皮膚厚 2 至 4 厘米，滿布細小的皺紋。

▶亞洲象與人的關係非常久遠，早在 4,000 年前已經有人飼養。（詳情請看第 154 頁）

前腳有 5 隻腳趾，後腳有 4 隻腳趾。

<大象的生態>

現存大象有 3 種類型，分別是亞洲象、非洲草原象（或簡稱非洲象）、非洲森林象。牠們都是羣居動物，有血緣關係的雌性及其子女會聚在一起行動。

※ 另有研究學者認為只有 2 種大象。

象羣是以雌性為中心的「母系社會」，由年紀最大、經驗最豐富的雌象帶領。雌象會一直留在象羣，但雄象在 10 歲左右會離開象羣，與年齡相若的雄象組成象羣，或單獨行動。

▼大象會纏繞彼此的鼻子，這是牠們打招呼的方法之一。此外，大象還會聞對方的氣味、發出高音頻的叫聲，或連人類也聽不到的低頻聲來互相溝通。

▲大象的懷孕期約 22 個月，是哺乳類動物中最長的。幼象在出生後 2 至 3 年內喝母乳，跟其他幼象組成羣體，一同成長。成年雄象會於發情期顯得非常有攻擊性。野生大象的壽命一般有 60 至 70 歲，而由人類飼養的大象推算最長有 88 歲。

大象很厲害！

只要大象動一動，就能改變大自然啊！

厲害之處 ❶

象羣推倒樹木、折斷樹枝、挖出根部，間接令森林和草原長出新的植物，帶來生機。

厲害之處 ❷

大象每踏出一步，都會把草叢或矮樹踏平，創造出新的道路，讓其他動物也能使用。

厲害之處 ❸

大象會用長牙、長鼻和前腳挖掘出新的大水坑，方便自己之餘，也為其他動物帶來水源。

厲害之處 ❹

大象每日要吃 100 公斤以上的植物，所以牠們會排出很多糞便，而糞便中殘留了很多沒能消化的種子，並回到土地萌芽生長。此外，充滿纖維的糞便還可以用來造紙！（見下圖）

本欄目的相片均授權自 iStock

第3章

長頸鹿打架是很激烈的！

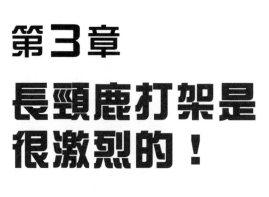

我順便說說長頸鹿的資料吧！

長頸鹿生活在非洲，是陸地上最高的動物！

長而濃密的睫毛可阻擋金合歡樹的尖刺保護眼睛！

長頸鹿的種類分成 4 種，雖然外觀有少許分別，但其實難以區分。

北方長頸鹿　南方長頸鹿　馬賽長頸鹿　網紋長頸鹿

今次是我。

牠們最喜愛的食物是金合歡樹的葉！不過，這種樹長滿了尖刺……

我們分泌大量唾液保護舌頭，抵禦尖刺。

滴滴滴

黏管

我們利用黑色的舌頭，撕下樹葉。舌頭的長度足足有 50 厘米呢！

每羣長頸鹿約有 20 隻，相處氣氛和諧。

牠們擁有勝人一籌的身高，加上良好的視野，可以很快察覺到危險。因此，在牠們周圍聚集了各種草食性動物呢。

發現獅子！

長頸鹿真是一種有趣的……

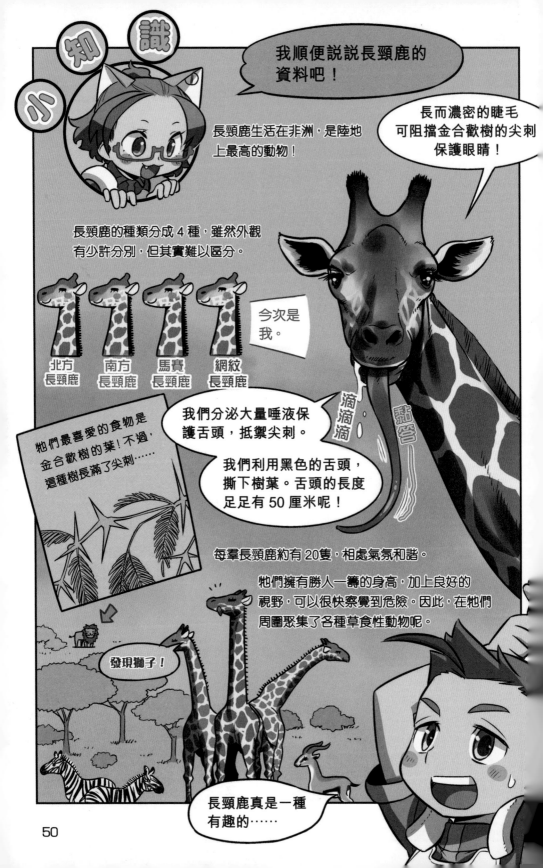

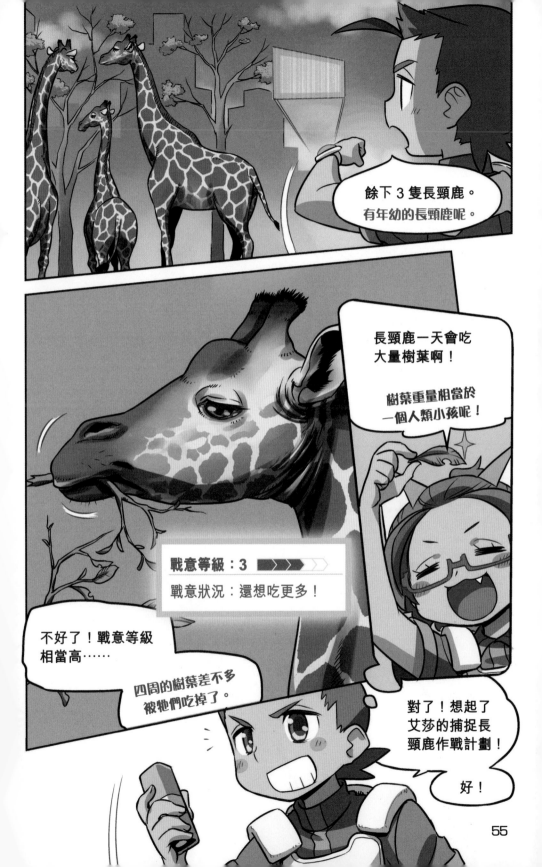

沙..........

泰賀！你聽到嗎？

河馬！？

你那邊的情況如何？找到長頸鹿嗎？

我現在泡在水中，而且跟河馬很接近。河馬看來相當友善呢！
哈哈哈

你在水中跟牠很接近？很危險！趕快逃走呀！

沒事的。牠看上去有點笨拙……

河馬不是笨拙的動物呀！

我找到長頸鹿，不過河馬也出現了啊！

衝前

陸地最高的長頸鹿

　　長頸鹿單是腳的長度已有 1.8 米，包括頭部的話，最高可達 6 米，是陸上最高的動物！頸的長度也相當矚目，雖然長頸鹿有長長的脖子，但頸骨（頸椎）的數目跟其他哺乳類動物一樣，都有 7 塊。

為了把血液從心臟送到 2 米高的腦部，長頸鹿的心臟就像一個強力的泵，心跳次數每分鐘達 170 下（人類約 60 至 70 下），血壓（血液的推動力）比人類高 2 倍。

尾巴的末端長有黑色的長毛，可以用來趕走蒼蠅等昆蟲。

長頸鹿是以「順拐」來行走的，即是踏出同一邊的前後腳，然後再踏另一邊。

頭部有尖尖圓圓、被毛髮包裹着的角，位於前額有 1 隻，頭頂則有 2 隻（有的在頭後方長有角）。長頸鹿的角在出生時是軟軟的，大約 1 至 2 個星期後才會變硬。在哺乳類動物中，只有長頸鹿出生時已經長有角。

㺢㹢狓（又稱歐卡皮鹿）

㺢㹢狓是「世界三大珍獸」之一。牠們的頸雖然很短，卻是跟長頸鹿科最接近的動物。牠們擁有黑色的長舌頭，而雄性的頭上長有 2 隻角。

▲牠們的黑色舌頭長達 50 厘米，厚而靈活，可以把長滿尖刺的金合歡樹樹葉拔掉。

本欄目的相片均授權自 iStock

◀長頸鹿透過分析基因，分了 4 個種類，分別是北方長頸鹿、南方長頸鹿、馬賽長頸鹿、網紋長頸鹿。左圖的是馬賽長頸鹿，花紋呈不規則的鋸齒形。

長頸鹿的生態　　長頸鹿生活在非洲的大草原上。牠們每天的生活就是吃，有時為了尋找食物，甚至會橫越 100 平方公里。長頸鹿是溫馴的動物，不過，雄性之間會利用角和長長的脖子打鬥，爭取族羣中的最高地位。

▲每個族羣約有 20 隻長頸鹿，牠們的關係並不緊密，也沒有什麼族羣領土意識。

▶長頸鹿每次只生 1 胎。長頸鹿寶寶在 6 個月至 1 歲左右斷奶，並跟其他年幼的長頸鹿組成羣體。當成年的長頸鹿羣出去覓食時，會留下一隻成年的看守幼鹿羣。雄性長頸鹿會在 3 歲時離開族羣，而雌性則會留在族羣附近。長頸鹿可活 20 至 25 歲，由人飼養的話最長有 36 歲。

▼雄性長頸鹿為了爭取族羣中的地位，會以頸和角來打鬥，稱為「necking」，但當分出勝負後，就會停止打鬥。另外，因為牠們常常用雙角來打鬥，所以角毛變得稀薄。

▲長頸鹿同樣是反芻動物（請看第27頁）。如你有機會到外地的動物園或欣賞紀錄片，可以觀察一下長頸鹿如何把未完全消化的食物由胃部，沿着長長的脖子，送回嘴巴中。

▲長頸鹿從食物中吸取水分，基本上不用喝水。如果需要喝水，牠們會如上圖般分開前腳俯身喝水。

◀牠們跑步的最高時速為 55 公里，腳力也相當大，可以把河馬、獅子踢倒。

本欄目的相片均授權自 iStock

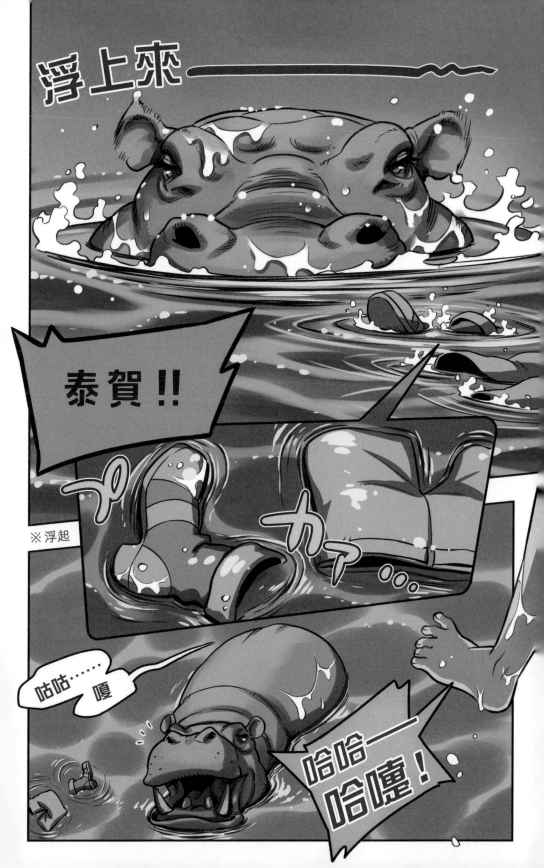

即使相隔了一段距離，但牠的移動速度實在太快了，直撲過來時真的嚇了我一跳⋯⋯

咬

秘技——脫皮逃走！

另外，河馬在水中不是游泳，而是步行的。

而且，牠的牙齒很長，巨大的口可張開至180度！

起身

砰隆！

臭烘烘

其實……河馬有很強的領地觀念，會用尾巴把糞便潑灑至四周來宣示主權……

這裏是我的領地！

狗也一樣，透過撒尿標記領地。

不甘心啊……

牠的屁球竟然比我的還要厲害……

我不……

什麼？你在意的竟然是招數輸給河馬……

而不是淋了一身的「糞便浴」？

抬頭

嘩呀！

衝啊

牠突然向我衝過來！？

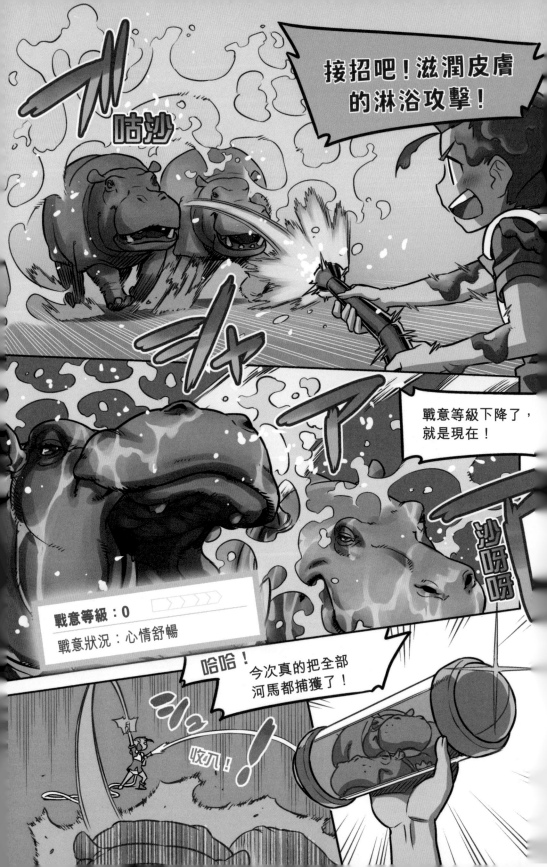

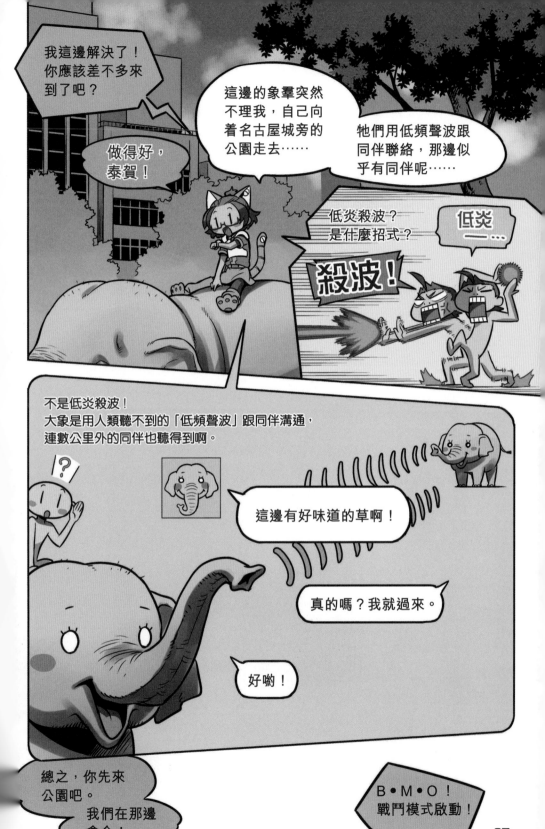

87

河馬的特徵

河馬曾因其外觀和體型，一度被認為跟野豬是近親，但近年透過基因分析所知，河馬原來跟在水中生活的鯨和海豚最近似。話說回來，河馬一天中大部分時間都在水中，腳上有一層相連的膜用來划水；而且，只有在嘴部周圍和尾部長出毛，這一點跟鯨、海豚很相似。

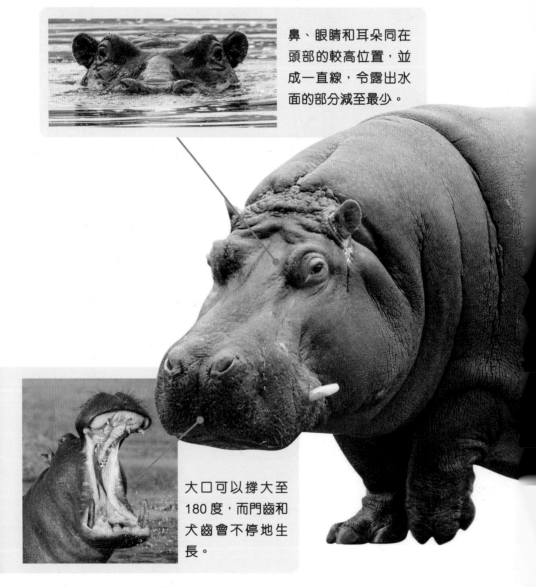

鼻、眼睛和耳朵同在頭部的較高位置，並成一直線，令露出水面的部分減至最少。

大口可以撐大至180度，而門齒和犬齒會不停地生長。

身體幾乎沒有毛的河馬，皮膚會非常容易變得乾燥脆弱，也不能對抗紫外線。因此，在陸地上時，牠們會分泌一種叫「血汗」的粉紅色體液來保護皮膚。

▲外國的動物園會有「小心河馬潑灑糞便」的告示板。

▲河馬為了宣示自己的領地，會用短尾巴高速地把尿糞潑灑至四周。如果在動物園看到這個情況，就要小心別落入「糞便浴」了！

侏儒河馬

侏儒河馬是「世界三大珍獸」之一，只有 160 至 275 公斤重，跟體重超過 1 噸的河馬相比，真的很細小。牠們在非洲西部森林的水邊棲息，與羣居的河馬不同，牠們會獨自生活。野生侏儒河馬的數量正在減少，在日本一些動物園則可找到被飼養的侏儒河馬。

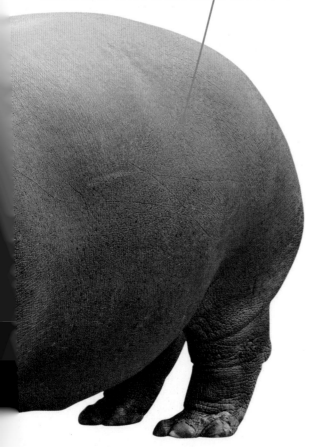

本欄目的相片均授權自 iStock

河馬的生態

　　野生河馬棲息在非洲撒哈拉沙漠以南的河川、湖泊、沼澤等地。牠們是羣居生活的哺乳類動物，每羣約有 10 至 100 隻。因為非洲的陽光非常猛烈，所以牠們都喜歡在水中生活。待太陽下山後，牠們會上岸尋找食物，屬於夜行動物。

▲每羣河馬以最強的雄性為首。

▶河馬每次在水中生產 1 胎，初生的河馬寶寶會吃媽媽的糞便，以獲取幫助消化所需的微生物。雄性河馬 4 至 5 歲時會離羣獨立，但不會離羣太遠。為了早一步擁有自己的族羣，雄性河馬經常與族羣首領打鬥。野生河馬的壽命約 30 至 50 歲，而由人飼養的估計最長有 65 歲。

▼河馬大部分時間都在水中生活，腳趾之間也長有蹼，有專家分析河馬是鯨和海豚的近親。然而，河馬其實不善於游泳，牠們太重了，一直沉在水底，要在水底行走。在水中行走時，牠們會閉上鼻孔，每 5 分鐘便上水面吸氣。牠們在水中行走的速度只有時速 8 公里，但在陸上行走可達時速 40 公里，令人意想不到！

◀夜裏，河馬會爬上岸，行走 1 至 3 公里尋找短草作主食，每天可吃約 50 公斤。吃草時，牠們會用嘴唇撕下雜草，再以大臼齒磨碎。雖然河馬是草食性動物，但當主食匱乏時，也會吃動物的屍體。

▶水汪汪的大眼睛和圓滾滾的身體給人溫馴的感覺，但河馬其實非常危險！在非洲的哺乳類動物當中，河馬每年殺害的人類是最多的。當河馬張開大口，露出長長的犬齒和大門牙時，便是發出警告及準備攻擊，這時大家速逃為妙！

本欄目的相片均授權自 iStock

第5章
不容錯過！
亞洲象大戰
黑犀牛

【黑犀牛】
體長：2.5 至 3.5 米
　　　（包括尾巴）
身高：1.4 至 1.7 米
體重：800 至 1,300 公斤
分布地區：非洲的東、南
　　　　　及中部
棲息環境：草原、森林
食物：草、樹葉、小樹枝

能力分析表

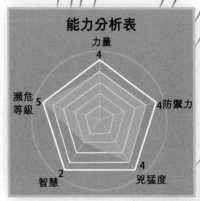

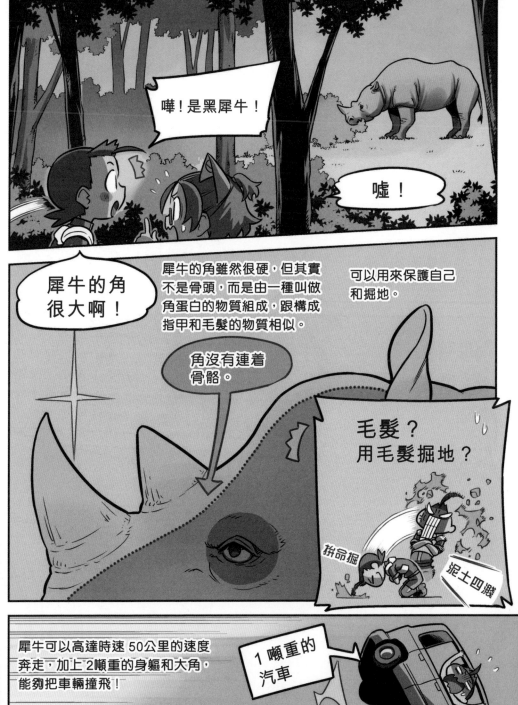

嘩！是黑犀牛！

噓！

犀牛的角很大啊！

犀牛的角雖然很硬，但其實不是骨頭，而是由一種叫做角蛋白的物質組成，跟構成指甲和毛髮的物質相似。

可以用來保護自己和掘地。

角沒有連着骨骼。

毛髮？用毛髮掘地？

拼命掘

泥土四濺

犀牛可以高達時速50公里的速度奔走，加上2噸重的身軀和大角，能夠把車輛撞飛！

1噸重的汽車

時速50公里

嘩呀呀！

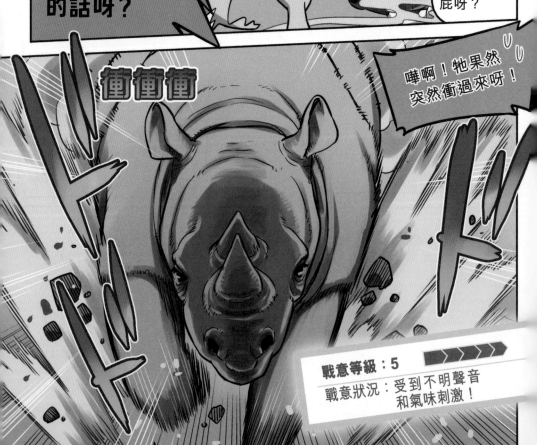

犀牛的皮膚厚達5厘米，非常堅硬，即使是獅子也不會無故攻擊成年犀牛！

戰意等級：0

戰意狀況：疲倦、寂寞

雌象是羣居動物，落單了自然會感到寂寞啊⋯⋯

對不起，我會把你送回原來的地方。

咕呼——

連大象也感到疲倦了。

收入！

由Z派來的長頸鹿、亞洲象和河馬都捕捉到了！

最後就是黑犀牛了！

好！要極速捕捉牠！

如果順利就好了，不過⋯⋯

我有種不祥的預感。

犀科的特徵

在故事裏出現的黑犀牛,是屬於奇蹄目犀科的 5 種犀牛之一,生活在非洲大草原。以下會講解犀科的共同特徵,而關於 5 種犀牛的更多資訊,可參閱第 128 頁。

犀科的共同特徵

白犀牛母子

有的犀牛會單獨行動,有的會羣居生活。小犀牛在 2 至 3 歲之前會跟在媽媽身邊。

犀牛擁有厚而堅硬的皮膚,除了蘇門答臘犀牛外,其餘犀牛只有在尾巴、耳朵和眼簾長了毛。

前後腳同樣有 3 隻腳趾。

黑犀牛

▲為了保護皮膚免受植物尖刺和害蟲叮咬的傷害，牠們常常泡泥漿浴或冷水浴。

犀牛長有1隻或2隻角，角內沒有骨頭，而是由一種叫做角蛋白的物質組成的，跟構成毛髮和爪的物質相似，並會一直生長下去，甚至能長至150厘米長。犀牛會用角來挖掘和攻防。

犀牛的視力很弱，牠們是靠敏銳的聽覺和嗅覺來觀察四周。

黑犀牛

▲犀牛平常謹慎而膽小，但當牠們憑着聽覺和嗅覺發現領地被入侵，或感到危險時，不管對手是誰，都會直衝過去，時速高達每小時50公里。有調查發現，雄性印度犀牛佔了25%是因打鬥而死亡的。

這隻白犀牛的角在不法獵人捕獵牠之前，由保護組織割掉。

▲犀牛角一直被視為珍貴的中藥材料，以高價交易，導致犀牛飽受非法捕殺之苦，數量不斷下降，瀕臨絕種邊緣。

第6章
在商店街熱情款待黑犀牛

黑犀牛走失了！
真是麻煩！

牠那麼龐大，為什麼
會看不見啊？

咦？

嘩
呀！

111

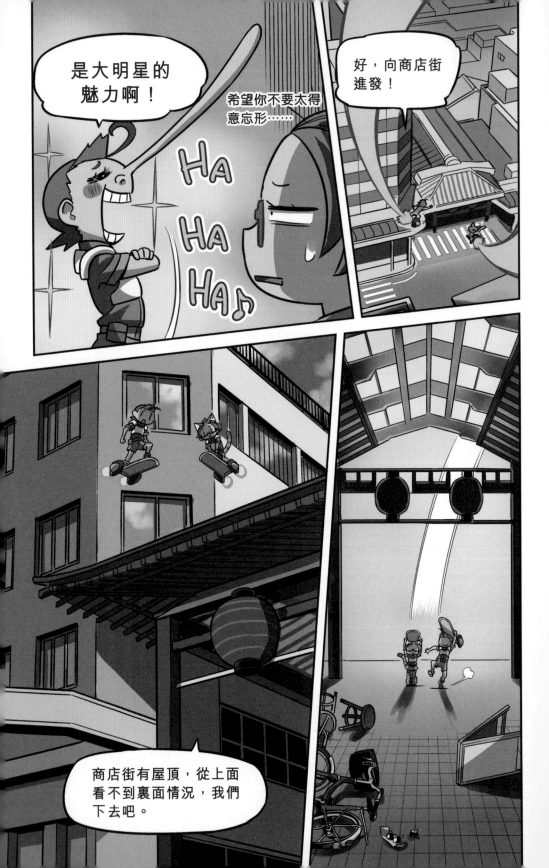

是條很寬闊的商店街！

如果犀牛突然衝過來，我們無法從上方或側面避開，所以一定要小心行動！

這裏有很多名古屋特產，還有各式快餐店啊！

肚子餓了~

你專心一點啊！

豬扒飯

新京拉麵

名古屋名物 鰻魚飯三吃

鏗！砰磅匡嘭！

！？

剛才的聲音……難度黑犀牛就在那兒？

麵豉鍋烏冬

鍋烏冬

115

「以美食及熱情款待：
令黑犀牛心情暢快」作戰開始！

話說回來，製造泥漿水有什麼用呢？

發現泥土了！

啊！

BB 棍棒啟動！

開

巨型包袱布！

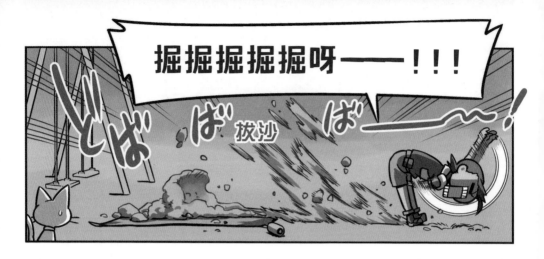

數分鐘後

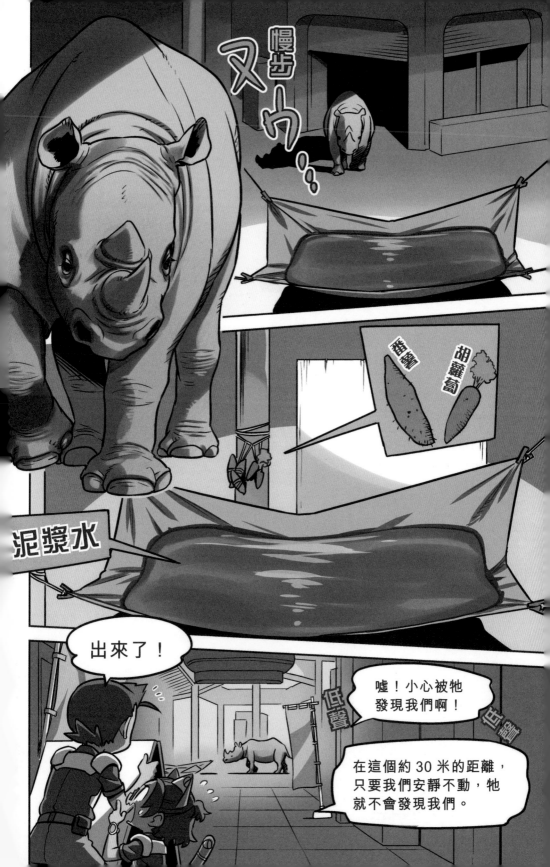

啊！牠正在咀嚼懸掛的美味蔬菜呢！

另一方面，白犀牛是吃草的，牠的嘴巴比較扁平。

你看！黑犀牛是吃樹葉的，所以牠的嘴巴較尖。

白犀牛

咀嚼

呵呵，心情看似不錯啊！開始泡泥漿浴了！

是我製造的泥漿水呀！

滾動

這樣既可去除身上的昆蟲，又能保持皮膚乾淨呢。

犀牛的種類

現存的犀牛共有 5 種，每種都有不同的特徵。

白犀牛

棲息地：
非洲

有 2 隻角

▲白犀牛

棲息於非洲，是 5 種犀牛之中體型最大的，也是僅次於大象的第二大陸上動物。牠們嘴形扁平，適合吃草，臉部很大，肩膀有硬塊。白犀牛是羣體動物。

黑犀牛

棲息地：
非洲

有 2 隻角

黑犀牛▶

同樣棲息於非洲。牠們的嘴尖尖的，方便吃樹葉和果實。除了母子會一起行動外，黑犀牛一般單獨行動。

同樣是灰色，為什麼分成白犀牛和黑犀牛呢？

曾經定居在非洲的荷蘭人，稱白犀牛為「wijd」，指牠們「嘴巴闊大」，當時從英國來的探險家把「wijd」聽錯成「white」（白色），從此便廣泛流傳。至於外形有別於白犀牛的犀牛，便以相反色「黑色」稱之，便成了黑犀牛。

印度犀牛
棲息地：
亞洲
有 1 隻角

▲印度犀牛

又稱為獨角犀牛或大獨角犀牛，棲息在亞洲南部（印度和尼泊爾）。牠們的體型僅次於白犀牛，厚厚的皮膚皺巴巴，看起來像穿上了盔甲，連老虎的尖牙也無法刺穿。隨着年齡增長，皮膚上的疣和皺紋會更明顯。

蘇門答臘
犀牛
棲息地：
亞洲
有 2 隻角

◀蘇門答臘犀牛

棲息在馬來西亞和印尼（蘇門答臘島和婆羅洲），是體型最小的犀牛，全身長滿茶褐色的毛。牠們為極危物種，截止 2020 年，不足 80 隻。

▲爪哇犀牛

棲息於印尼的爪哇島上，現存約 40 至 60 隻。

爪哇犀牛
棲息地：
亞洲
有 1 隻角

本欄目的相片及插圖均授權自 iStock

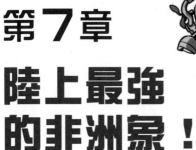

第7章
陸上最強的非洲象！

是非洲象呀！嘩，人家很想看啊！

糟糕了，火車站前出現了大混亂！

嘩噢

嘩—

嘩呀

嘩—

出發吧，泰賀！

B•M•O！
（Battle Mode On）
戰鬥模式啟動！

沙

你等等我！滑板修理好了，我正趕過來⋯⋯

交給我就可以了！

牠又排尿又出汗，看來虛弱又疲倦，我輕易便可以捕獲牠！

什麼⋯⋯？

那是警號呀！你沒有靠近牠對吧？

沒問題！牠的戰意不是那麼高⋯⋯

牠正處於「發情期」！這個時候的雄性象會變得非常兇猛！快點逃走呀！

咕咕

戰意等級：5

戰意狀況：極度憤怒！

咦⋯⋯怎麼了？

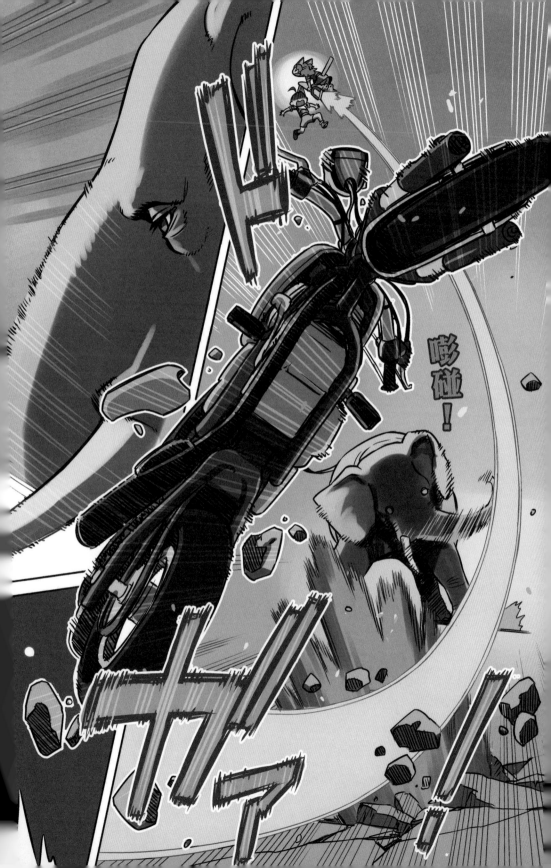

捕捉發情期雄性大象的計劃
是這樣的。

大象會站着
睡覺！

只要餓了
就會進入
睡眠狀態！

趁牠睡覺時
行動！

我們把牠引入地下街，幽暗的
環境說不定會令牠入睡，
戰意也變0！

「不要吵醒大象」
作戰計劃嗎？

是「讓象寶
寶安睡」計
劃呀！

好！我先出發！

數分鐘後

抵

達

地下街入口

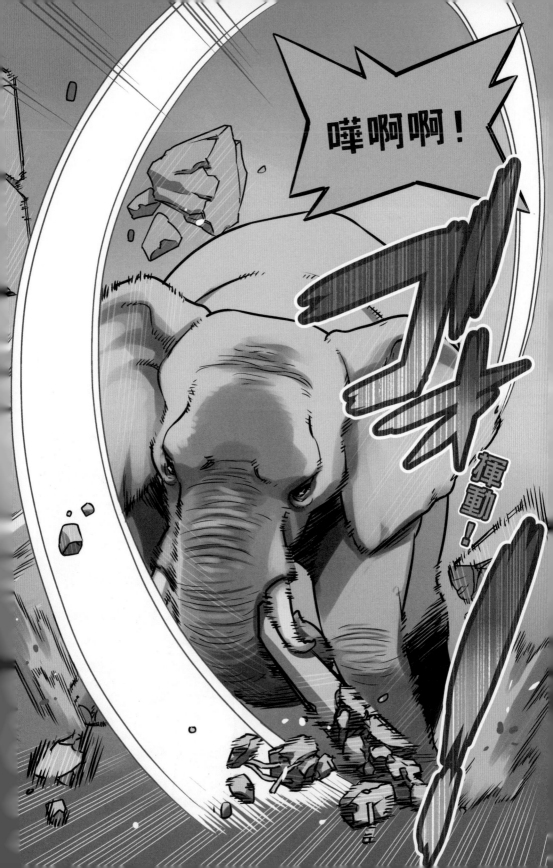

146

陸上最大的非洲象

非洲象（非洲草原象）棲息在非洲撒哈拉沙漠以南，體重有 4 至 7 噸，是最大的陸上動物！除了身形稱霸外，大腦體積也是陸上動物之冠，是人腦的 4 倍！

非洲象的皮膚非常粗糙，背部凹凸不平，滿布皺紋。

前腳有 4 隻腳趾，後腳有 3 隻腳趾。

牠們會拍動大大的
耳朵散熱。

頭部比較平坦。

雄性和雌性的非洲象都長有長長的象牙，
不過雄性的較長。牠們會用長牙刮開樹
皮、拋擲粗壯的樹枝等。

非洲森林象

棲息在非洲西部和中部的森
林，擁有長而直的象牙和圓
圓的大耳朵，所以又稱「圓
耳象」。非洲森林象身高只
有 2.5 米，是最矮小的大象。
牠們的趾數與亞洲象一樣，
前腳有 5 隻，後腳有 4 隻，
鼻頭與非洲象一樣有 2 個突
起處。然而，一些人為了取
得象牙而不停獵殺牠們，現
存的非洲森林象數量已不多
了。

鼻尖末端有 2 個突起
處，可以靈活地抓取
東西，而嗅覺比狗靈
敏 2 倍以上。

突起處

本欄目的相片均授權自 iStock

大象與人類的關係

▶象頭神

　　大象在有些地方被尊為神，有些地方則幫助人們運送物品，有些地方卻是動物園的明星。以下介紹大象與人類之間的各種關係吧！

▼印度大象節

大象是神明？

大象是明星！

▲在印度等亞洲國家裏，大象不僅是神聖的動物，更是力量和權力的象徵。印度教是最多印度人信奉的宗教，而右上圖是印度教的「象頭神」，是富貴和學問的神，受多人供奉。上面大圖是印度大象節，每隻大象都會經過悉心打扮，有大象巡遊、大象選美等活動，非常熱鬧。

▲大象是聰明的動物，以亞洲象為例，經過訓練後能夠明白約 50 個詞語，有的還懂得做簡單的加法。大象訓練員以說話和利用「象鈎」刺激大象身體的敏感點來與大象溝通。（相片中的是非洲象。）

大象是搬運工！

◀▲在泰國和緬甸等東南亞國家裏，亞洲象負責搬運木材。不過，近年為了保護森林，減少伐木，牠們較多負責運載遊客。

大象在戰場……

▶古時，人們會乘着巨型又強壯的大象來打仗，這些象稱為「戰象」。自有紀錄以來，戰象最早出現於3,000年前的印度，直到400至500年前，人們開始使用大炮打仗，戰象便逐漸絕跡了。

因為人類的關係，野生大象的數目不斷減少

約100年前，非洲有1,000萬頭大象。但是，隨着非洲人口不斷增加，導致大象棲息地被掠奪，加上盜獵大象等問題等，非洲象的數目已減至50萬隻。當中最大問題是為了象牙而偷獵大象。自古以來人們已經利用象牙製造昂貴藝術品，雖然在1989年已全面禁止象牙交易，只有在法案生效前的象牙才能合法銷售，而香港也於2021年禁止除古董象牙外的象牙貿易，但還是有很多人想擁有象牙製品，致使大象繼續被殺害。

本欄目的相片及插圖均授權自 iStock

我是勇獸戰隊的總司令，墨田川教授，YO！

你們想知道自己能否加入勇獸戰隊？來挑戰以下題目吧，YO！

第1題

擁有 4 個胃的草食性動物是如何消化食物的呢？

A 先消化喜歡的食物。

B 反覆把胃裏的食物吐至口中咀嚼，再吞回胃中。

C 喝大量水。

第2題

雄性長頸鹿互相以頸部打鬥，英文稱為什麼呢？

A walking　　B kicking　　C necking

第3題

河馬為了保護皮膚而分泌出來的液體叫什麼呢？

A 血汗　　B 淚汗　　C 甜汗

第4題

構成犀牛角的主要物質，跟以下哪一個部位的成分相似？

A 舌頭　　B 毛髮　　C 牙齒

第5題

雄性象會變得非常兇猛的時期稱為？

A 發情期　　B 發狂期　　C 發夢期

怎樣？
你們都解答了嗎？

（答案在後頁）

第**1**題 **B** 反覆把胃裏的食物吐至口中咀嚼，再吞回胃中。

這個重複的動作稱為「反芻」。長頸鹿、牛、山羊、駱駝等都是反芻動物。

第**2**題 **C** necking

因為用頸 (neck) 來打鬥，所以英文叫作 necking。

第**3**題 **A** 血汗

因分泌液呈粉紅色而得名。

第**4**題 **B** 毛髮

犀牛角由角蛋白構成，與構成毛髮的物質相似，並會一直生長。

第**5**題 **A** 發情期

處於發情期的雄性大象是非常兇猛的！牠們會出現排尿和流汗等生理現象。

BB **BB 資格考試評分**

5 題全對	你毫無疑問有加入勇獸戰隊的資格！
答對 3 至 4 題	你離加入勇獸戰隊只差一步！
答對 0 至 2 題	再次熟讀本書吧！不放棄的決心才是成為勇獸戰隊最重要的特質。

大家如想加入勇獸戰隊，就要細心閱讀內容啊！

■監督者　今泉忠明

動物學者、作家。於東京水產大學（現為東京海洋大學）畢業後，在環境廳（現為環境省）從事「西表山貓」生態調查等跟動物有關的研究工作。著作有《小生物的新技術》等，監督的有《勇獸戰隊》系列、《遺憾的進化》等。

■漫畫　伊勢軒

漫畫家。代表作有《勇獸戰隊》系列、《單車漫遊》、《往鎌倉時代的時間之旅》、《往忍者世界的時間之旅》、《往本能寺之變的時間之旅》等。

■故事　伽利略組

專門製作跟歷史、科學有關的兒童漫畫劇本、教材。主要作品有《勇獸戰隊》系列、《歷史漫畫時光倒流》系列、《5分鐘的時光倒流》、《5分鐘的求生記》等。

- 《長頸鹿解剖記》著：郡司芽久（NATSUME 出版社）
- 《一起去 ZOO(2)》製作及策劃：特定非營利活動法人東山動物園俱樂部
  監督者：名古屋市東山動植物園（中日新聞社）
- 《大象的智慧 最大陸上動物的魅力所在》
  合著：田谷一善、片井信之、乙津和歌、成島悅雄
  插畫：對馬美香子（SPP 出版社・GH 株式會社）
- 《驚人的世界 野生動物生態圖鑑》監督者：小菅正夫
  翻譯：黑輪篤嗣（日東書院）

勇獸戰隊知識漫畫系列

惡鬥盛怒非洲象

監 督 者：今泉忠明
漫畫繪圖：伊勢軒
故事編劇：伽利略組
翻　　譯：亞牛
責任編輯：陳奕祺
美術設計：許鍩琳
出　　版：新雅文化事業有限公司
　　　　　香港英皇道 499 號北角工業大廈 18 樓
　　　　　電話：(852) 2138 7998
　　　　　傳真：(852) 2597 4003
　　　　　網址：http://www.sunya.com.hk
　　　　　電郵：marketing@sunya.com.hk
發　　行：香港聯合書刊物流有限公司
　　　　　香港荃灣德士古道 220-248 號荃灣工業中心 16 樓
　　　　　電話：(852) 2150 2100
　　　　　傳真：(852) 2407 3062
　　　　　電郵：info@suplogistics.com.hk
印　　刷：中華商務彩色印刷有限公司
　　　　　香港新界大埔汀麗路 36 號
版　　次：二〇二二年十一月初版

ISBN: 978-962-08-8113-8
ORIGINAL ENGLISH TITLE: *KAGAKU MANGA SERIES (8) BATORU BUREIBUSU VS.
IKARI NO AFURIKAZOU RIKU NO DŌBUTSU-HEN (2)*
BY Isekenu and Asahi Shimbun Publications Inc.
Copyright © 2020 Asahi Shimbun Publications Inc.
All rights reserved.
Original Japanese edition published by Asahi Shimbun Publications Inc., Japan
Chinese translation rights in complex characters arranged with Asahi Shimbun Publications Inc.,
Japan through BARDON-Chinese Media Agency, Taipei.

Traditional Chinese Edition © 2022 Sun Ya Publications (HK) Ltd.
18/F, North Point Industrial Building, 499 King's Road, Hong Kong
Published in Hong Kong SAR, China
Printed in China